AF371228

RÉPUBLIQUE FRANÇAISE

COMITÉ DE DÉFENSE

CONTRE

LA GRÊLE

Saint-Julien-l'Ars, le 8 Septembre 1908

Monsieur le Maire,

Messieurs les Conseillers Municipaux.

Les orages qui, au cours de cet été, ont éclaté sur notre région avec une fréquence et une violence désastreuses, semant la désolation sur leur passage, m'ont suggéré l'idée de vous adresser une proposition basée, du reste, sur une expérience concluante.

Vous savez combien limitée est la zone de protection des paratonnerres actuellement en usage sur certains édifices publics ; c'est tout au plus si ces barres métalliques d'une faible conductibilité, souvent diminuée encore par leur mauvais entretien, réussissent à détourner l'orage dont les nuées, chargées de grêle, s'en vont crever un peu plus loin, causant dans la cité des dégâts considérables et ravageant les jardins maraîchers de la banlieue.

Comment combattre ce fléau ? Pour arriver à trouver la solution de ce problème si intéressant pour la ville et les campagnes, on est parti de cette formule : « Pas d'électricité, pas d'orage ; pas d'orage, pas de grêle. »

Or, s'il était chimérique de songer à supprimer totalement l'électricité de l'atmosphère, on pouvait, du moins, l'empêcher de s'accumuler en l'absorbant. Voilà comment on est arrivé à construire un parafoudre à grand débit lequel vide les nuages et empêche la grêle de tomber, dans un rayon étendu.

De la théorie, l'on est entré dans le domaine de la pratique ; les résultats obtenus sont tout à fait satisfaisants jusqu'ici.

Depuis bientôt dix ans, en effet, un parafoudre, composé de lames et de pointes de cuivre pur non oxydable, est installé sur le clocher de l'église de Saint-Julien-l'Ars. Depuis lors, les chutes de grêle ne désolent plus les habitants de la commune.

Justement encouragées par ce premier résultat, des personnes ont pensé qu'il y avait lieu d'étendre le champ d'expériences, en organisant dans une partie de notre département un barrage électrique d'une certaine étendue, qui comprendra plusieurs postes encore plus puissants que celui de Saint-Julien-l'Ars et, par suite, d'une plus grande protection.

Monsieur le Maire,

Messieurs les Conseillers Municipaux,

Je viens de résumer d'une façon trop imparfaite les efforts tentés par l'initiative privée pour lutter contre la grêle, et je vous ai exposé, aussi succinctement que possible, les résultats des expériences poursuivies depuis dix ans ; ils sont probants.

C'est maintenant aux autorités administratives qu'il appartient d'intervenir pour donner les autorisations nécessaires, pour voter les crédits d'acquisition et de mise en place des appareils.

Vous penserez, comme moi, que le campanile de l'Hôtel de Ville de Poitiers est tout naturellement désigné pour recevoir un parafoudre à grand débit. N'est-ce pas au chef-lieu du département, centre universitaire justement réputé, qu'incombe le devoir d'indiquer à tous la marche à suivre dans la voie du progrès sagement conçu ?

Le crédit à voter à cet effet s'élèverait à 1.200 francs.

Je suis convaincu que, si réduites que soient les disponibilités financières de la commune, vous trouverez aisément dans votre budget une somme suffisante pour faire face à cette dépense utile entre toutes.

Et j'ai la conviction que vous tiendrez à attacher votre nom à une transformation nécessaire, puisqu'elle tend à préserver la richesse de nos campagnes d'un des plus redoutables fléaux.

Veuillez agréer, Monsieur le Maire et Messieurs les Conseillers Municipaux, l'expression de mes sentiments très distingués.

Comte de BEAUCHAMP

Ancien Élève de l'École Polytechnique.

Ci-joint, une brochure donnant quelques explications complémentaires.

Poitiers. — Imp. Blais et Roy.

COMITÉ DE DÉFENSE

CONTRE

LA GRÊLE

RÉPUBLIQUE FRANÇAISE

Saint-Julien-l'Ars, le 8 Septembre 1908

Monsieur,

Après avoir établi en 1899, à Saint-Julien-l'Ars, un poste électrique à grand débit destiné à protéger la commune contre la foudre et la grêle, et en présence des résultats obtenus, je crois utile de proposer un barrage électrique de Poitiers au Blanc, jusqu'à la limite du département de la Vienne.

Ce barrage, devant assurer une protection plus étendue qu'un simple poste isolé, est nettement d'intérêt départemental, puisqu'il est destiné à une partie considérable du département.

général une subvention de 2.000 fr. qui serait remise à l'électricien de Poitiers, M. Joyeux, lequel se charge, à forfait, d'établir les quatre postes ou Niagaras électriques prévus.

J'ai complètement fourni le poste de Saint-Julien-l'Ars qui a 60 m. de hauteur environ.

Le Général de Négrier qui a vu dans la grêle un ennemi de plus à combattre, a souscrit 2.000 fr. pour le mât à établir à Paizay-le-Sec.

Pour le reliquat, je demanderai des subventions à la Ville de Poitiers, aux communes où les postes seront établis et aux personnes qui pourront s'intéresser à cette œuvre de défense.

Vous trouverez quelques détails dans la brochure ci-jointe; si vous désirez des renseignements complémentaires, je serai à la disposition du Conseil général.

Veuillez croire, Monsieur, à mes bien distingués sentiments.

Comte de BEAUCHAMP
Ancien Élève de l'École Polytechnique.

DÉPÔT LÉGAL
VIENNE
Nº 206
Année 1913

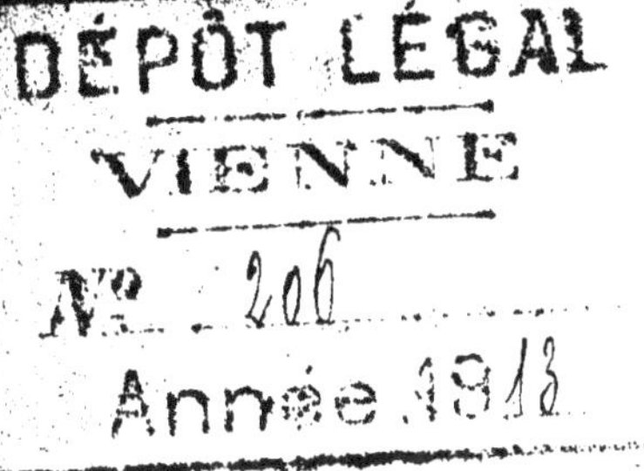

1913

COMITÉ DE DÉFENSE

CONTRE

LES ORAGES ET LA GRÊLE

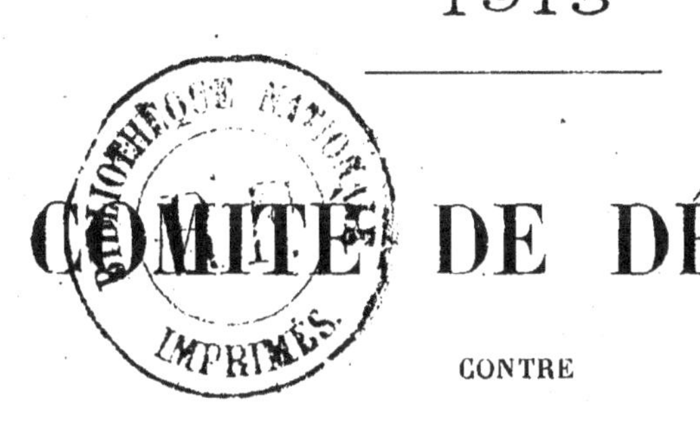

Résultats obtenus dans la Dordogne
en juillet 1913

COMITÉ DE DÉFENSE

CONTRE

LES ORAGES ET LA GRÊLE

NOTE DU COMITÉ

Le barrage de la Dordogne, dont le nombre des postes augmente constamment, continue à donner toute satisfaction. On n'hésite pas dans ce pays à boucher les trous constatés dans les lignes de défense et, sans attendre indéfiniment l'appui des pouvoirs publics, les communes se syndiquent, votent les fonds et font construire des niagaras électriques.

Ce barrage est le second construit; il est donc particulièrement intéressant de suivre les résultats obtenus.

En outre, le Comité signale à l'attention publique les rapports minutieux et précis qu'envoie tous les mois, ou à chaque occasion importante, M. Blanc, ingénieur civil, maire de Prigonrieux. Ces rapports peuvent servir de modèle.

Déjà, au mois de juillet dernier, l'honorable M. Audiffred, sénateur de la Loire, membre de la Commission d'étude, désigné par le groupe agricole du Sénat, avait trouvé le rapport de M. Blanc sur

*

le mois de juin si intéressant qu'il l'aváit emporté pour le faire copier et le publier de suite.

Le Comité croit donc utile de publier de suite également et in extenso *le rapport de juillet qui vient de lui parvenir. Il est heureux de suivre le précédent créé par M. Audiffred.*

Le Comité insiste sur l'utilité de la « douane électrique » le long des côtes et du barrage le long de la ligne des étangs, dans les dunes des Landes. On obtiendrait pour tout le Sud-Ouest de la France les meilleurs résultats.

Enfin M. Blanc signale le sabotage du poste de Notre-Dame de Bergerac. Le fait n'est pas isolé.

Il faut donc que les intéressés redoublent de vigilance pour défendre leurs « niagaras électriques ». Si un sabotage est constaté, il ne faut pas toucher à l'appareil, mais il faut le faire examiner au plus tôt par un représentant du constructeur et sous sa responsabilité.

La suppression ou le non-fonctionnement d'un poste dans un barrage peut causer d'énormes dégâts.

RAPPORT

*Sur le fonctionnement des Niagaras électriques
dans l'arrondissement de Bergerac
pendant le mois de juillet 1913.*

---

*A Monsieur le Président du Comité de
Défense contre la grêle et les orages, à
Paris.*

La première partie du mois de juillet s'est passée
dans la région du Bergeracois avec un temps variable,
tantôt pluvieux, tantôt sec, tantôt chaud, tantôt frais,
mais sans orage.

1° Le 13 juillet, vers dix heures et demie du soir, un
orage d'une intensité moyenne a éclaté, venant du
sud-ouest. Une chute de grêle, qui n'a causé que des
dégâts insignifiants, a été signalée dans la région de
Sadillac. Dans la zone protégée par nos postes, pas
de grêle, pas de dégâts ;

2° Le 14 juillet, vers cinq heures du matin, un
orage plus menaçant que celui de la veille éclate sur
Bergerac ; trajectoire sud-ouest-nord-est ; éclairs nom-
breux, quelques roulements de tonnerre sans violence, pluie douce comme au printemps ;

3° Le 14 juillet, vers trois heures du soir, orage
menaçant venant du sud-ouest. Le tonnerre gronde
sourdement, les éclairs, assez nombreux, sillonnent
l'espace, une pluie abondante tombe sans vent.

Au domaine des Guichards, appartenant à M. E. de
Biran, chevalier de la Légion d'honneur, vice-président de la Société historique et archéologique du Péri-
gord, domaine situé à trois kilomètres à l'est du poste de
Cours-de-Pile, ledit M. de Biran et son personnel ont
constaté, pendant la pluie orageuse qui est tombée,
la présence en l'air de cristaux scintillants qui, au
moment de toucher le sol, n'étaient plus que de larges
gouttes d'eau, ne produisant aucun dommage.

Ce fait était nouveau pour les témoins du phéno-
mène, dont quelques-uns sont de vieux serviteurs
attachés au domaine depuis plus de cinquante ans.

J'ai eu le plaisir de recevoir quelques jours après,
à Prigonrieux, la visite de M. de Biran, qui m'a déclaré
qu'un peu sceptique jusqu'alors à l'égard des niagaras
électriques il était maintenant pleinement convaincu
de leur efficacité et sa confiance est fortifiée par un fait
antérieur, qu'il m'a exposé au moyen d'un croquis qui
explique d'une manière très claire le résultat des constatations qu'il a faites avec l'aide de son gendre,
M. Gaulon.

Après l'orage de direction anormale du 18 juin
dernier, ces messieurs explorèrent les propriétés voi-
sines, dont quelques-unes avaient été ravagées par la
grêle. Des notes qu'ils rapportèrent de leurs excur-
sions leur permirent de tracer une figure qui se
résume en deux angles d'inégale amplitude, ayant pour
sommet commun le poste de Cours-de-Pile et pour
bissectrice commune la direction de l'orage. Tout le
territoire compris entre les côtés du plus petit angle
était indemne, on n'y constatait aucun dégât. Dans les
deux surfaces comprises à droite et à gauche entre les
côtés des angles, les dégâts, peu importants contre les
côtés de l'angle intérieur, allaient en s'accentuant vers

les côtés extérieurs au delà desquels les ravages étaient
considérables.

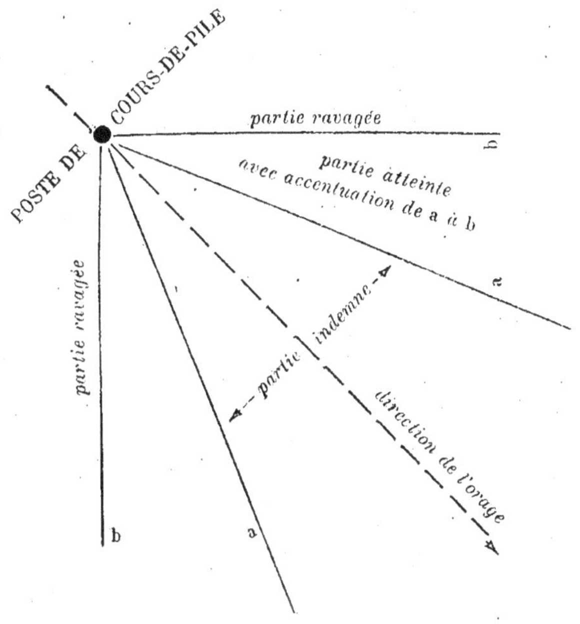

M. de Biran m'a autorisé à invoquer son témoignage
et celui de ses serviteurs, ce qui, vu l'autorité du
maître, m'a paru devoir être relaté dans ce rapport.

Un autre fait, établi par mes renseignements par-
ticuliers et se rapportant à l'orage du 14 juillet, dont
nous nous occupons en ce moment, mérite aussi une
mention spéciale.

Si on jette un regard sur la carte aux environs de
notre poste de Malfourat, on voit au sud-ouest, et à
quatre kilomètres environ de ce poste, le village de
Pomport. A quinze cents mètres plus près du poste
se trouve le château de Sanxet, appartenant au châ-
telain du même nom. Plus près encore se trouve le
village dit de La Devinie.

Or, l'orage du 14 juillet, qui, il ne faut pas l'oublier,

BIBLIOTHÈQUE R.F. IMPRIMÉS

venait du sud-ouest, à déversé de la grêle hachante, qui, à la vérité, n'a détruit que deux dixièmes de récoltes au sud et jusqu'aux portes du village de Pomport. Au château de Sanxet la chute de la grêle molle a été authentiquement constatée, ainsi qu'à La Devigne; au poste de Malfourat, il n'est tombé que de la pluie et la grêle a atteint les territoires immédiatement à l'est et à l'ouest de nos postes.

J'attends les explications que pourront fournir les prétendus intellectuels ou sceptiques qui nient l'influence des niagaras électriques sur les orages, à propos de ce fait qui n'est pas, comme on dit plaisamment, dans une musette, mais qui intéresse plus de cinq cents hectares où les preuves sont encore faciles à vérifier.

Le 26 juillet, vers cinq heures du soir, un orage d'aspect très menaçant apparaît au sud-ouest de l'horizon de Bergerac. Nombreux éclairs, pas ou presque pas de tonnerre, peu de pluie; vers sept heures tout est dissipé, aucun dégât;

5° Le même jour, vers onze heures et demie du soir, nouvel orage du sud-ouest, suivant le précédent. Quelques roulements sourds de tonnerre, pluie abondante, vent assez violent. Pas de dégâts;

6° Enfin, le 30 juillet, à minuit, un orage violent a éclaté sur Bergerac; cet orage venait de *l'ouest* et il était facile de constater, vu la direction de sa marche, qu'il ne venait pas du côté du groupe des postes de la Gironde.

Quelques coups de tonnerre très forts, pluie abondante, pas de dégâts.

En résumé, pendant le mois de juillet, six orages d'un aspect plus ou moins redoutable ont passé sur notre contrée.

Plusieurs chutes de grêle ont été signalées au loin, mais la partie protégée par nos postes n'a souffert aucun dommage.

En ce moment les blés, seigles et avoines sont récoltés ; c'est un succès très important, qu'on peut attribuer aux postes des niagaras électriques. Il nous reste encore les vignes et le tabac, espérons que nous les conduirons jusqu'à la fin comme le reste et avec la même immunité.

L'observation des orages du mois de juillet nous amène à faire les constatations suivantes : cinq orages venant du sud-ouest ont passé sur nous presque sans bruit ; ils avaient franchi les groupes de postes de la Gironde et du Lot-et-Garonne et avaient subi une neutralisation visible. Ces cinq orages ajoutés aux sept du mois de juin nous donnent douze orages consécutifs qui ont présenté les mêmes phénomènes. Un seul, venant d'une autre direction, a passé avec fracas, au point que les journaux locaux ont signalé le fait que l'horloge de Notre-Dame, sonnant au moment précis d'un de ces coups de tonnerre, s'est arrêtée net de sonner.

Pendant les mois qui vont suivre, nos observations vont continuer, et de l'ensemble de ces observations jusqu'à la fin de la saison des orages on pourra tirer des conclusions intéressantes.

Ce qui a été constaté jusqu'ici nous paraît de nature à autoriser la croyance que l'ensemble des postes établis en Gironde et Lot-et-Garonne, s'étendant, ainsi qu'il a été dit dans le précédent rapport, sur une longueur de plus de cinquante kilomètres, a protégé la région visitée par ces orages après avoir franchi ces groupes : ce qui représente plusieurs centaines de kilomètres carrés et paraît un puissant argument en faveur de l'installation de la douane électrique le long du littoral et des étangs, installation demandée par le Comité de défense, qui en avait prévu les heureux résultats.

M. Letorey m'a annoncé qu'il fait monter en ce moment deux postes à Monségur ; nous-mêmes nous installons les postes de Soumensac et de Fouroque, ensuite ceux de Badefols et de Pomport. Sauf une lacune, qui peut-être se comblera, nous aurons bientôt une ligne de postes de près de 100 kilomètres, de Cours-de-Pile à Captieux, nous reliant avec le Lot-et-Garonne et la Gironde, dont nous pourrons peut-être apprécier les effets avant la fin de cet été.

L'opposition ardente que nous avons constatée jusqu'ici semble se calmer dans notre pays, quoique l'on vienne de saboter le poste de l'église Notre-Dame.

Sans doute les résultats obtenus, que tout le monde voit, embarrassent un peu les adversaires.

Il y a lieu de supposer aussi que les quatre nouveaux postes, souscrits par de petites communes qui ignorent encore s'il leur sera accordé des subventions, indiquent la confiance des habitants qui accueilleraient mal les critiques.

En résumé, le fait dominant est que le territoire défendu par nos postes est encore indemne ; que ceux qui ont fait les frais de ces postes ne regrettent nullement les sacrifices qu'ils ont consentis et servent d'exemple à ceux qui vont les imiter. De plus, aucun cas de foudre n'a été signalé.

Voilà, monsieur le Président, les faits principaux observés pendant le mois de juillet ; ils sont nettement favorables aux niagaras électriques et il faut souhaiter qu'en présence de ces faits les pouvoirs publics adoptent les mesures nécessaires pour nous aider à propager ce système de défense qui coûte bien peu de chose au regard des résultats avantageux qu'il donne.

Veuillez agréer, monsieur le Président, l'expression de mes sentiments les plus distingués.

BLANC,

Ancien ingénieur, maire de Prigonrieux,
Vice-Président du Syndicat agricolé du canton de Laforce.

Supplément au rapport du mois de juillet 1913.

E. BLANC
Ingénieur civil
A BERGERAC

Prigonrieux, le 4 août 1913.

MONSIEUR LE COMTE,

Les élections cantonales et mes fonctions municipales m'ont retenu à Prigonrieux, dans l'impossibilité de m'occuper d'autres choses. C'est ce qui vous expliquera le retard, que je regrette, dans l'envoi de mon rapport relatif au mois de juillet.

En rentrant ici, hier au soir, j'ai appris qu'un sabotage avait été commis au niagara de l'église Notre-Dame de Bergerac. Au moyen d'un outil quelconque qu'on a introduit entre le ruban de cuivre allant du sommet à la terre et le mur de l'église, on a faussé le dit ruban de cuivre de 0,080 × 0,008 sur une longueur de 0 m.40 et l'écart au milieu est d'au moins quatre centimètres. L'effort effectué a donné à ce ruban la forme en coupe; à l'un des guides situé plus bas on remarque une trace indiquant que la gaine en tôle galvanisée qui protège le conducteur a remonté de quinze millimètres, et c'est juste au-dessus de cette gaine protectrice, à **3 mètres de hauteur**, que l'avarie a été commise. Il y a lieu d'ajouter que ce conducteur est relié à une conduite de gaz à son entrée dans le sol.

Si nous étions à côté des ateliers de M. Mildé, je suppose qu'il n'y aurait qu'à couper ce conducteur au-dessus et au-dessous de l'avarie et remplacer la partie ainsi supprimée par une neuve. Mais ici pouvons-nous essayer de redresser notre conducteur et espérer un aussi bon fonctionnement qu'avant ?

Avant de le faire, nous attendons votre avis. Il y a lieu aussi de visiter les soudures avec la conduite de gaz, qui ont pu souffrir par la traction du conducteur.

BIBLIOTHÈQUE NATIONALE
R. F.
IMPRIMÉS

Poitiers. — Imp. G. Roy, 7, rue Victor-Hugo.

www.ingramcontent.com/pod-product-compliance
Lightning Source LLC
LaVergne TN
LVHW011015180726
843502LV00007B/2561